"十四五"时期国家重点出版物出版专项规划项目

◄农业科普丛书►

U0272386

# 丰富有趣的

# 农业生物多样性

王 慧 杨殿林 张艳军 等 著

中国农业科学技术出版社

**图书在版编目（CIP）数据**

丰富有趣的农业生物多样性 / 王慧等著 . -- 北京：
中国农业科学技术出版社 , 2024. 9. -- ISBN 978-7
-5116-7030-4

Ⅰ. S18

中国国家版本馆 CIP 数据核字第 2024M4M600 号

审图号 GS 京 (2024) 0799 号

责任编辑　王惟萍
责任校对　王　彦
责任印制　姜义伟　王思文
绘　　图　李　斌　黄巧勇　梁彩梅

出 版 者　中国农业科学技术出版社
　　　　　北京市中关村南大街 12 号　　邮编：100081
电　　话　（010）82106643（编辑室）（010）82106624（发行部）
　　　　　（010）82109709（读者服务部）
网　　址　https://castp.caas.cn
经 销 者　各地新华书店
印 刷 者　北京地大彩印有限公司
开　　本　210 mm×185 mm　1/24
印　　张　5
字　　数　120 千字
版　　次　2024 年 9 月第 1 版　2024 年 9 月第 1 次印刷
定　　价　68.00 元

# 《丰富有趣的农业生物多样性》

## 著 者 名 单

| | | | | |
|---|---|---|---|---|
| 王　慧 | 杨殿林 | 张艳军 | 赵建宁 | 张海芳 |
| 刘红梅 | 张贵龙 | 徐　艳 | 李睿颖 | 高晶晶 |
| 李　洁 | 王丽丽 | 谭炳昌 | 王春龙 | 张宏斌 |
| 李苇洁 | 樊林染 | 李佳璐 | 米春晓 | 吕宏伟 |
| 郭佳祺 | 樊　平 | 宋　芸 | 王学忠 | 张国良 |
| 端景波 | 李慧雷 | 黄兰媚 | 贾梦圆 | 张思宇 |
| 李青梅 | 田佳源 | 张玲玲 | 安克锐 | 李海燕 |
| 耿以工 | 何　伟 | 张乃琴 | | |

# 序 言

　　为什么编这本书？农业生物多样性是生物多样性的重要组成部分，与人类生活密切相关，直接关乎人体健康和粮食安全。然而，大多数人并不了解什么是农业生物多样性，即使有所了解，也不知该如何行动起来保护我们的农业生物多样性。

　　本书包括 4 个部分：第一部分介绍农业生物多样性的概况；第二部分提供50 个实例阐述农业生物多样性的内涵；第三部分列举 52 项行动作为保护农业生物多样性的行动指南；第四部分通过讲述生物多样性的发展历程和近年相关大事件来指出农业生物多样性未来的发展趋势。第二部分和第三部分内容都是由丰富生动的插画配上文字说明构成，形象直观地把农业生物多样性展现在大家的面前，第四部分通过列举农业生物多样性大事件，让大家认识未来农业生物多样性保障营养健康和粮食安全的主流化。

　　本书用直接简明的方式，让更多的人了解农业生物多样性，认识农业生物多样性的重要性，积极行动起来保护农业生物多样性。

# 目 录

第一部分
农业生物多样性的概况

# 农业生物多样性的定义

农业生物多样性（agrobiodiversity）是指与食物及农业生产相关的所有生物多样性的总称。农业生物多样性是以自然生物多样性为基础、以人类的生存和发展为动力而形成的人与自然相互作用的多样性系统，是生物多样性的重要组成部分，是人与自然相互作用和相互关联的一个重要方面和桥梁。农业生物多样性对保障全球粮食安全和农业可持续发展至关重要[1-2]。

[1] FAO. The state of the world's biodiversity for food and agriculture. (2019) [2024-10-10]. http://www.fao.org/3/CA3129EN/CA3129EN.pdf.

[2] 高东, 何霞红, 朱有勇. 农业生物多样性持续控制有害生物的机理研究进展. 植物生态学报, 2010, 34(9): 1107-1116.

# 农业生物多样性的组成

　　农业生物多样性的组成包括农业遗传多样性（或基因多样性）、农业物种多样性及农田生态系统多样性 3 个层次[1]，具体包括：

　　——高等植物：农作物、作为食物和其他目的而管理的野生物种（如经济野生植物）、森林或庭院树木、草场或牧场物种；

　　——高等动物：农民饲养的驯化牲畜、作为食物而狩猎的野生动物、野生及养殖鱼类、农田鸟类；

　　——节肢动物：大多数昆虫包括传粉昆虫（如蜜蜂、蝴蝶等）、捕食性天敌昆虫（如黄蜂、甲虫等）、害虫（如蚱蜢、蚜虫等）以及土壤中生活的昆虫（如白蚁、弹尾虫等）；

　　——土壤及其他土壤生物（如蚯蚓等），健康土壤为植物授粉、水质净化、极端气候应对等提供支持服务；

　　——微生物：参与农业生产过程的各类微生物（如根瘤菌、真菌等）及微生物产品。

---

[1] FAO. The state of the world's biodiversity for food and agriculture. (2019)[2024-10-10]. http://www.fao.org/3/CA3129EN/CA3129EN.pdf.

# 农业生物多样性的功能

在可持续粮食生产系统中，农业生物多样性具有多重功能（CBD-COP10[①]）：

——提供大量充足、可获得性食物，减少损失和浪费；

——提供全年可获得性食物，满足人类营养需求；

——保障营养和粮食安全；

——维持生态系统稳定和健康；

——在均衡饮食中持续提供多样化食物；

——生物多样性、生态系统保护和维持；

——在应对干旱、气候变化和极端天气情况下具有可恢复力和适应性；

——从应对气候变化、生物多样性保护及水土质量保持等方面促进环境可持续发展。

---

①《生物多样性公约》第十次缔约大会。

第二部分
认识农业生物多样性的 50 个实例

# 1. 梯田农业景观

　　梯田农耕是我国劳动人民智慧的结晶，具有多重效益，包括水土保持、生态恢复和农业增产等。梯田在侵蚀防控方面效益最为显著，其次是消减洪峰径流、生物量积累和生物多样性保护。梯田农业景观不仅展示了人与自然和谐共生的智慧，还通过其独特的生态系统为现代农业提供了宝贵的经验。

## 2. 旱地农业景观

　　旱地景观构成的多样复合的农田生态系统，通常包含多种作物、植被类型和地形特征，这种多样性对于维持农业生产的可持续性和稳定性至关重要。不同类型的作物和植被为各种生物提供多样的栖息环境，能够支持复杂的食物网，有利于天敌的自然控制，减少对化学农药的依赖。同时，种植多种作物有助于保持基因多样性，使其对干旱、气候变化和病虫害等更具抵抗力。多样复合的旱地农业景观通过其独特的景观特征和生物多样性保护优势，为农业生产提供了更加稳定和可持续的基础。

## 3. 桑基鱼塘景观

夏季的桑基鱼塘美如画，它结合了农业生产和渔业养殖，通过资源的循环利用，实现了生态系统的良性循环，是我国重要的农业文化遗产，也是世界传统循环生态农业的典范。桑基鱼塘系统中存在多种生物，包括桑树、鱼类、浮游生物、底栖生物等，物种间相互依存的资源循环利用模式是桑基鱼塘的核心特点，通过这种独特的模式及其空间结构，不仅创造了美丽的自然景观，还为生物多样性保护提供了重要的生态基础。

## 4. 农田特殊构型景观

　　小作物构建出大景观，找找看，在色彩和形状各异的田块间发现了什么？作物物种和品种多样性的差异特征，成为勾勒农田画的重要素材，"叶子景观"点亮了整个农田。在乡间也不乏艺术的能工巧匠，为美丽乡村建设增添格调。

## 5、非作物生境景观

　　也称"非农斑块"，它是农田系统各斑块间生物物种迁移和群落演替、物质和能量交换的主要区域，这些生境主要包括花草带、草地、树林、湿地、灌木丛等，它们与作物种植区域相互交错，通过提供栖息地、维持生物多样性、提供生态服务，如授粉、天敌控制、水源涵养、土壤保持，以及增加农田生产力等方面，对农业的可持续发展和生态保护发挥着关键作用。

# 6. 半自然或人造景观

　　行走在乡间小道，你是否曾留意过这些景观？它们为农田生物提供栖息地和避难所，尤其在寒冷的冬季，这些景观成为保护农田生物多样性的有效途径。

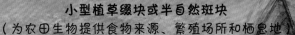

**小型植草缀块或半自然斑块**
（为农田生物提供食物来源、繁殖场所和栖息地）

**人工鸟站杆**
（为农田鸟类提供"歇脚地"）

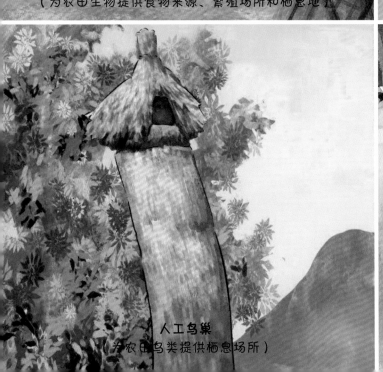

**人工鸟巢**
（为农田鸟类提供栖息场所）

**"本杰士堆"，即人工造灌木丛**
（为农田生物提供栖息地和避难所）

11

## 7. 生态廊道

在生态环境中呈线性或带状布局的景观生态系统空间类型，能满足物种的扩散、迁移和交换的区域或空间。农田生态系统的生态廊道通常包括农田、田埂、道路、沟渠、河流、非农斑块等要素，用于连接分散的生态斑块和农田景观单元，是构建完整农田生态系统的重要组成部分。

## 8. 草场或牧场

　　由人工管理的饲草基地，作为畜禽食物来源或用于畜牧业生产的农业用地，牧场和草场是发展畜牧业不可缺少、不可代替的生产资料。

奶牛场

# 9. 鱼塘生态系统

　　管理良好的鱼塘对维持农业生物多样性具有重要作用，水生植物、水生动物、藻类和微生物类群共同建立起一个稳定、动态平衡的生态系统，通过提供营养循环、水质净化、环境调节等功能，构成一个充满生机与活力的生态环境。鱼塘不仅是生物的栖息地，也是人类重要的生产资源，合理管理和利用鱼塘资源，可以实现人与自然的和谐共生。

# 10、稻田生态系统

　　稻田种植养殖多元化，继承了中国传统农业精华，水稻与鱼、蛙、蟹、鸭共生体系是一种调节能力更强的生态系统，水生动物活动能加速水体内部物质和能量的传递，促进水稻植株基部对营养物质的吸收，水生生物的代谢物也是水稻植株丰富的养分来源，有助于水稻生长。这种多元共作模式，对稻田生态环境有重大保护作用。

# 11. 农林复合系统

　　将多年生林木（乔木、灌木）有机地结合于农业生产系统中形成的人工复合生态系统，使农业、林业在不同组合之间实现生态学与经济学一体化，具有多种群、多层次、多产品、多效益的特点，大大提高了农业生态系统的稳定性，并保障了农林业的可持续生产力。

## 12. 农牧结合体系

　　农业耕作与放牧结合的农业生产体系，是人为地将种植业与养殖业在空间、时间及结构上按一定方式有机组合的资源综合管理和利用系统，系统中各要素是以农养牧、以牧促农、相互依赖、相互制约的关系。农牧结合可以有效利用农业、畜牧业生产的废弃物资源，具有生产和生态防护双重功能。

# 13. 种养耦合体系

种养耦合体系是一种现代农业生态系统管理方式，将作物种植和畜禽养殖有机结合，形成一种资源循环利用、生态环境友好的生产模式。种养耦合体系可以创造出多样化生境，为多种生物提供栖息地，植物与动物之间的相互作用可以促进物质循环和能量流动，维持良好的生态平衡，降低对环境的负面影响，有助于保护农业生物多样性。

## 14. 农田野生动物多样性

　　这样的场景是否仍然记忆犹新：在农村野外发现肆意奔跑的野兔子、野鸡，作物堆旁突然出现一只探着脑袋东张西望的小田鼠，悄悄吃上几口庄稼。长久以来，由于耕地的过度开发和利用，农田的生态功能被人类所忽视，这些小动物也不见了踪影。只有保护好农田中的非作物生境，在不受人类干扰的情况下，这些农田小动物才可以与人类和谐共存。

# 15. 农田鸟类多样性

　　农业景观中的鸟类多样性对生态系统功能和服务的形成与维持具有重要作用。农田中也曾有过丰富的鸟类多样性，包括麻雀、斑鸠、云雀等，它们的叫声和生活习性展现了自然的和谐之美。然而，土地集约化管理和现代农业生产方式逐渐掠夺了鸟类的食源和栖息地，农田中不再容易发现它们的身影。因此，必须积极行动起来保护非作物生境，才能让更多的鸟类重返农田。

云雀　黄鹡鸰　　　　　　　麻雀　红雀

灰山鹑　斑鸠　　　　　　田凫　黍鹀

20

# 16. 农田节肢动物天敌多样性

节肢动物天敌在农业生态系统中对保持物种多样性和生物控害具有重要作用（捕食性天敌如蜻蜓、螳螂、猎蝽、刺蝽、花蝽、草蛉、瓢虫、步行虫、食虫虻、食蚜蝇、胡蜂、泥蜂、蜘蛛以及捕食螨类等；寄生性天敌以寄生蜂和寄生蝇为主要代表），应创造适合天敌生存的生境条件，充分发挥节肢动物天敌对害虫的自然控制作用。

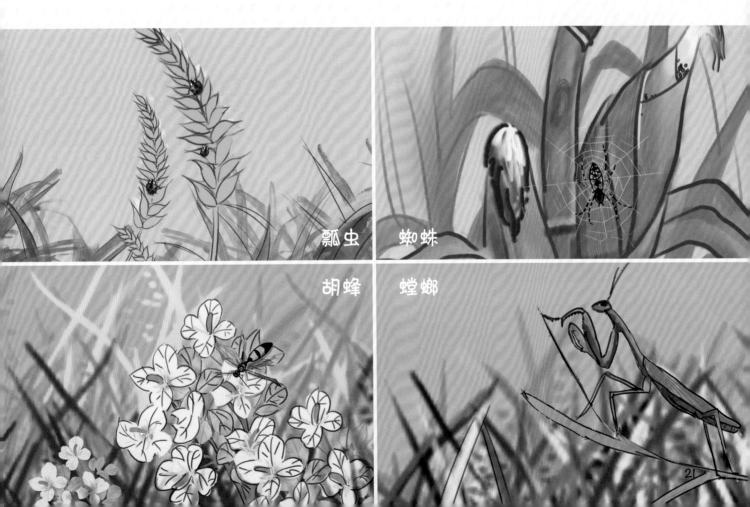

瓢虫　蜘蛛

胡蜂　螳螂

## 17. 农田害虫多样性

农田害虫有蚜虫、蝗虫、小菜蛾、玉米螟、白蚁、米象、天牛、蜗牛、鼠妇等。长期大面积、单一化种植以及化肥农药的大量施用，导致生态平衡遭到破坏，农田生物多样性下降引发病虫害频发和作物减产。

天牛

蚜虫

蝗虫

## 18、农田土壤微生物多样性

　　土壤微生物是生活在土壤中的细菌、真菌、放线菌、藻类、原生动物、噬菌体、病毒和线虫的总称，对土壤健康具有敏感的指示作用，是联系农田生态系统中地上—地下部分的关键纽带，土壤微生物群落多样性是植物生长和土壤健康的驱动力。

藻类

真菌

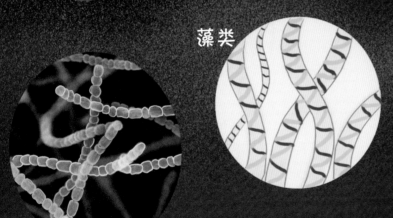

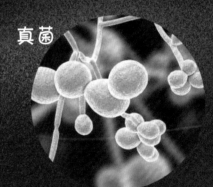

放线菌

原生动物

细菌

## 19. 农田土壤食物网

　　土壤生态系统物种丰富，处于平衡状态的土壤食物网拥有健康的生物群落。从最小的单细胞细菌、藻类、真菌和原生动物到更复杂的线虫和微型节肢动物，再到可见的蚯蚓、昆虫和小脊椎动物，这些土壤生物分解有机物、循环养分、增强土壤结构并控制包括作物害虫在内的土壤生物种群，从而支持植物健康。土壤食物网通过不同途径成为土壤景观构成不可或缺的部分，随着各种生物的进食、生长和活动，人们拥有了洁净的水和空气。

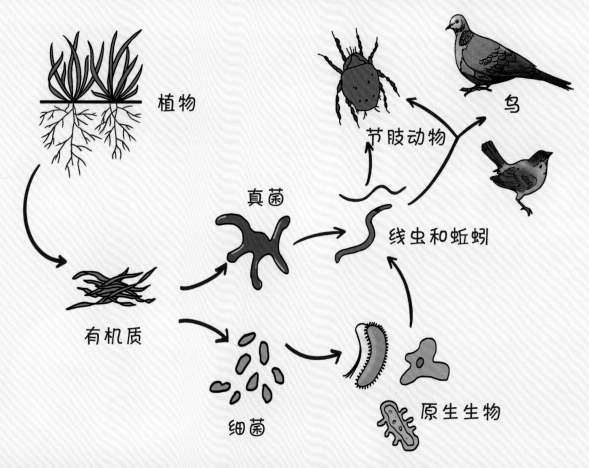

植物

节肢动物

鸟

真菌

线虫和蚯蚓

有机质

细菌

原生生物

# 20、不同作物物种／品种轮作

　　在连续的生长季节中，年复一年在相同地块种植不同作物或复种组合，有效避免连作障碍的种植模式。作物长期连作会造成土壤养分过分积累或过度消耗，作物长势减弱、病虫害加重、产量和品质下降。作物轮作可改善土壤的理化性状，调节土壤肥力，维持土壤生态平衡及微生物多样性，改善土壤生物活性和土壤健康状况，可抑制通过土壤携带传播的病虫草害的危害。作物轮作对保障农业绿色高质量发展具有重要意义。

豆科作物与其他作物轮作　　　　　　　不同蔬菜轮作

# 21、不同作物物种／品种的间作或套作

　　在农田多样化种植体系中，应综合考虑不同作物的生长习性、抗倒伏能力、植株高矮等方面的因素，进行间作或套作品种的选择，保证主要作物生长的前提下，兼顾所需的光、热、水、肥充足。间作或套作种植能够充分利用土地资源，做到用地与养地相结合，充分发挥作物分泌物的互利作用以提高作物抗逆性，实现合理密植效应，在不增加土地面积的情况下提高农作物产量，促进农业可持续发展。

玉米和大豆间作

甘蔗和花生间作

高粱和红薯间作

谷子和甘蓝间作

## 22. 同作物不同品种混作或间作

相同作物不同品种混作或间作是农业生产中常见的种植模式，每一个特有品种都具有特定基因，将这些品种合理布局在一定的时空范围内，可以有效地形成病害缓冲带和隔离带，增加作物的遗传多样性，提供了一种减轻胁迫条件下产量损失的潜在方法。

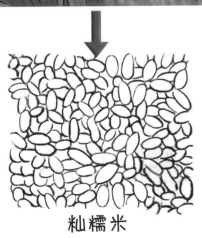

籼糯米

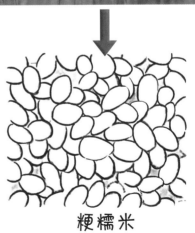

粳糯米

# 23. 农村、农田

　　乡村是农业生物多样性的重要保留地，在乡村振兴过程中发展生物多样性农业，能够比较好地处理农业产出高效、产品安全、资源节约、环境友好各要素间的协调统一。

## 24、有机农场

　　有机农场在农业生物多样性保护中扮演着重要的角色，越来越多的农场开始开启生物多样性管理实践，如多样化轮间作种植、保护性耕作、更高比例的半自然生态景观区域等。有机农场通过增加作物多样性以及景观水平的生态调控来增加害虫天敌的多样性和丰富度，提高基于自然的生物控害服务，减少对化学农药的依赖，从而降低对环境的负面影响；通过增加有机物的输入（如有机肥料和作物残体）来替代化学肥料，提高土壤生物多样性，这种绿色、健康、可持续的实践模式对维持土壤健康、作物生长以及提高生态系统多功能性至关重要，对于小规模农户主导的农业系统尤为关键。

# 25. 生态果园

　　生态果园是一个农业生物多样性丰富的综合生产系统，与一般果园相比，生态果园具有三大特点：一是突破传统果园单一树种的经营模式，生态果园经营种类繁多，技术投入密集，但物质投入不多；二是生态果园综合利用园内空间，是资源利用效率和经济效益较高的果园；三是采用生物综合防治技术，对环境和产品均不造成污染，能够持续、稳定、高效地输出多种农产品。

30

# 26. 设施大棚

　　北方进入冬季后，各种露天蔬果都已采收完毕。但设施大棚内仍然绿意盎然，各种蔬菜长势喜人，增加了优质农产品的供给保障。温室大棚技术有助于增加农业生产的可持续性，在受控的农业生产环境中，农民可以更好地管理害虫和调控作物生长所需营养元素，并能够减少农业生产对环境的负面影响。

# 27、过去农村的交通或畜力工具

城市里长大的孩子，只能在电视上看看农田耕作的水牛、过去农村马拉车和驴子拉磨的景象。畜力工具也是农业生物多样性的重要组成部分，都已成为我国重要的农业文化遗产。

# 28、堆肥制沼液或有机肥

　　将各种畜禽粪便经过干湿分离、无害化处理之后产生的沼液、沼渣做成有机肥返还大田，用于有机果蔬种植；沼气并网发电，形成循环经济模式，能够增加农村和农民的经济收入，变"废"为"宝"，带动乡村振兴。

畜禽粪便堆肥

沼气发酵罐

生物有机肥

## 29、微生物制剂

　　微生物制剂是各种有益微生物的集合，可以提高土壤肥力，改善土壤理化性质，促进植物根系发育和整体生长；与化学肥料和农药相比，微生物制剂通常对环境的影响较小，减少了化学物质对土壤和水源的污染；微生物制剂也可以用于污染土壤的生物修复，通过降解有机污染物、吸收重金属等途径，恢复土壤健康。

# 30、生物质炭、酵素

　　各种作物秸秆、果壳等制成的生物质炭能够有效改良土壤健康，提高作物产量；农业生产后废弃的枯枝落叶或腐烂的果蔬，经微生物发酵制成酵素，可用于促进作物生长和病虫害控制。

枯枝落叶、腐烂果蔬

生物酵素

秸秆、花生壳

生物质炭

# 31. 农村集市中种类多样的农副产品

　　农村集市现场，散养土鸡、葱、蒜、自酿糯米酒等种类丰富，绿色新鲜的特色农副产品摆满了道路两侧，令人目不暇接。

# 32. 市场里种类丰富的水果

　　农贸市场、生鲜超市中水果的种类较前些年更加多样化，消费者对于果品的要求也越来越高，更加注重水果的品质、安全与营养。

## 33. 市场里种类丰富的蔬菜

　　农业生物多样性保障了我们的菜篮子，所需食材应有尽有，市场里各种应季蔬菜供应充足，种类的丰富性为消费者提供了更多的选择，不仅满足了大众对营养和口味的需求，也增加了人们对农业生物多样性价值的认识。

## 34. 超市里的有机农产品

　　有机农产品生产采用对环境无害的方式，禁止使用人工合成的农药、化肥、色素等化学物质，这个过程更体现出农业生物多样性的重要作用。

## 35、品种改良的番茄和黄瓜

经品种筛选和改良的番茄和黄瓜，具有独特的风味和丰富的营养，抗病性强、耐储运，既可作蔬菜，又可作水果，深受广大消费者喜爱，丰富了番茄和黄瓜品类的多样性。

## 36、不同外观口感的马铃薯和玉米

马铃薯的颜色一般呈土黄色、紫褐色或棕色，也有改良过的黄色、黑色和粉色；玉米也分甜玉米、糯玉米、紫玉米、白玉米等多种。虽然都是马铃薯和玉米，但外观颜色和口感不一样，农业遗传多样性给我们的口味选择提供了更多的可能性。

# 37、区域特色农产品

　　各地区的传统特色作物种植历史悠久，是经过几代人自然筛选出的优良种植品种，对于农业遗传多样性种质资源的保存尤为重要。同时它们承载着当地的历史、传统和生活方式，这种文化多样性与农业生物多样性相互交织，共同构成了具有区域特色的文化景观。

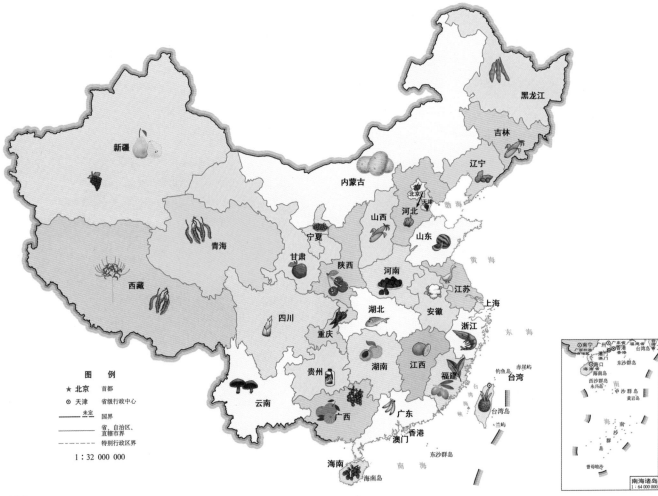

图　例

★　北京　　首都

⊙　天津　　省级行政中心

──────　未定　国界

──────　省、自治区、
　　　　　直辖市界

-- -- --　特别行政区界

1 : 32 000 000

## 38、不同颜色和气味的百合

百合有100多个品种，常见的有白色、粉色、红色、黄色、橙色，还有相对少见的蓝色和紫色，以及一些混合颜色等。通过农业遗传基因改良，增加了花色的多样性和观赏性。

# 39. 药用植物多样性提供各种中草药材

中国已有药用植物物种占世界药用植物的 40%，植物物种多样性是中医药、食品、保健品等行业的重要物质基础，特别是以中医药为代表的中国传统医学中利用药用植物治疗各种疾病。

三七

金银花

龙葵

枸杞

# 40. 农林种植提供多种木材来源

林业种植是农业种植中的另一个项目，可以分为木材种植、竹材种植、果实种植和药材种植等，它可以提供人类所需的木材、竹材、果实、药材等。以木材为例，作为大自然的奇迹之源，其多样性和广泛应用令人惊叹。从古至今，人类利用木材建造房屋、制作家具、建造船只等，展现了木材的卓越性能和多样化的应用场景。在生态恢复工程的实施过程中，实现当地原有树种的再引入和种植，也是农业生物多样性保护的重要方面。

## 41、农业生物多样性提供各种工业原料

　　农业生物多样性是工业的基础，农业为工业的发展提供原材料和发展动力，种植棉花可为纺织工业提供原料，如自然纤维；植物种子可作为油脂的提取原料；橡胶树和橡胶草等是天然橡胶获取的原料；养殖毛皮动物可为服装制造业提供原料。

纤维　油脂

橡胶　毛皮

## 42. 农业来源的食品或用品

　　农业是我们的衣食之源，农业生物多样性丰富了我们的食物和用品。想想看，在我们的日常生活中，哪些是直接或间接来源于农业生产？蜂巢蜂蜜带来的美味来源于蜜蜂的养殖和多种显花植物的种植，亲肤蚕丝被的体验来源于农业桑蚕良种的养殖……

## 43、被忽视和未被充分利用的物种

　　这是一类具备保证食品安全、营养以及增收潜能的，并可能提供生态服务功能的物种，但是它们的重要性没有得到广泛认可或充分开发，其栽培和利用程度显著低于它们应当被利用的程度，该类物种对于维持和增强农业生物多样性至关重要。

橄榄　　地耳

豌豆苗　　柳蒿

## 44. 多样化膳食食物与营养健康

农业生物多样性给我们提供了丰富的食物来源，多样化食物种类的摄入，才能满足人体的基本营养需求。多样化的饮食对健康有累积保护效应，合理搭配膳食，营养均衡，这才有利于人体健康。

油 25~30 克 　 盐 <5 克

奶类及奶制品 300 克　　　大豆及坚果类 25~35 克

畜禽肉 40~75 克
水产品 40~75 克
蛋类 40~50 克
　　蔬菜类 300~500 克
水果类 200~350 克

谷类 250~400 克
（其中）薯类 50~100 克
全谷物和杂豆 50~150 克
　　水 1 500~1 700 毫升

## 45、药膳与健康

　　药膳是我国传统医学与饮食文化相结合的产物，根据人体体质和疾病情况，用五谷、果蔬、肉类等食物补充和调节营养平衡，搭配适当的中药，制成具有食养和食疗效果的膳食，即利用多种食物的特性调节身体健康。

# 46. 餐桌饮食多样性

种类足够丰富的食物，才能保障餐桌饮食的多样化。很多国家依靠生物多样性农业提供多样化饮食，作为营养与健康的一种可持续的解决方案。

## 47、农家乐

　　农家乐是休闲旅游的一种形式，以传统农业为载体，提供最真实的农家生活体验：吃特色农家饭、采摘、垂钓、与小动物亲密接触、购买农产品以及选择参与式种植。这一切都与农业生物多样性密切相关。

## 48、茶文化活动

　　中国是茶叶的发源地，茶区分布广、资源丰富，茶叶种类之多，堪称世界之最。我们品茶、谈茶，举办各种茶主题文化活动，向全世界推广中国茶和茶文化，茶文化的传承和保护促使人们重视对农业生物多样性的保护和可持续利用。

## 49. 特色蚕桑文化活动

　　蚕桑文化有着悠久的历史渊源和浓厚的文化底蕴，以其独特的方式把生物多样性、韧性生态系统、传统文化和创新结合起来，在漫长的蚕桑生产过程中，形成了独具蚕桑文化的生产习俗。一叶桑、一只蚕、一根丝，无不凝结着养蚕人的勤劳与汗水。

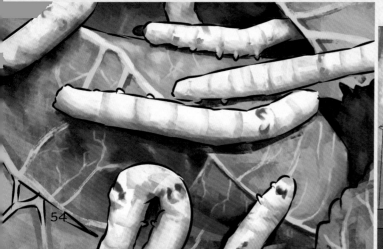

# 50. 农业艺术品

　　我国很多省份的农村，麦秆和竹子遍地都是，每到收割季节，很多都被废弃掉了。对这些看似无用的麦秆和竹子进行废物利用，制成各种工艺品或生活器具，如麦秆花瓶、打席子、收纳筐、竹篓子等，可以点缀和丰富我们的生活。

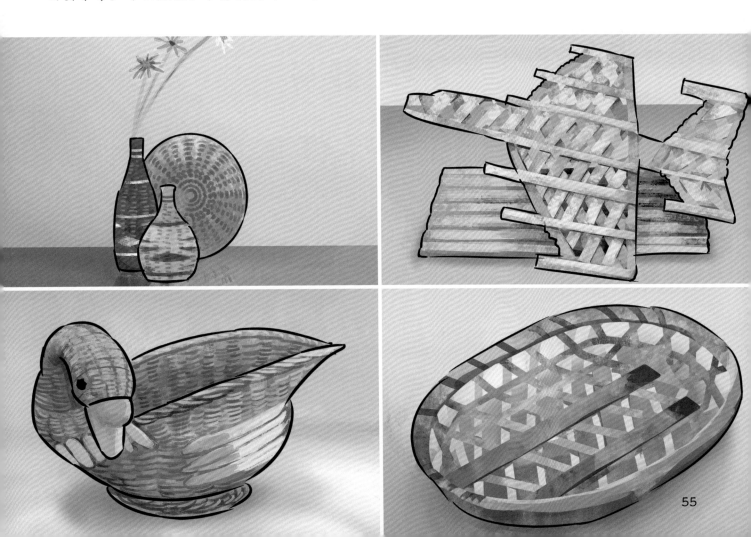

# 第三部分
# 保护农业生物多样性的 52 项行动

# 第一周：做农业生物多样性保护大使

　　参与农业生物多样性科普宣传，给身边的人普及农业生物多样性知识，保护农业遗传多样性、农业物种多样性和农田生态系统多样性，带头拒绝做危害农业生物多样性的事，如过伐、过牧、过猎、过捕等。

什么是农业生物多样性？

——农业遗传多样性（基因多样性）

——农业物种多样性

——农田生态系统多样性

# 第二周：支持从事农业生物多样性研究的团队、社团和协会

这些团队、社团和协会的主要目标是遏制农业生物多样性继续遭受破坏，或者通过一些措施保存或重构农业生态系统中各种群落生境间的平衡状态，让农业生产活动与这一切共生。

# 第三周：通过互联网维护农业生物多样性

只要上网搜索农业生物多样性相关的信息，就可以为农业生物多样性贡献一份力量，有些搜索网站每天提供给你一则保护农业生物多样性的建议，累计几百几千几万次的搜索，就可能成为热门话题，让更多的人关注。

# 第四周：购买生态菜或有机农产品

　　生态农场或是有机农业通过一些环境友好的生产技术，种植本地农产品并降低化学肥料和杀虫剂的使用，可以保护土壤健康、避免地下水污染，并保护有益的昆虫和土壤动物（蜜蜂、蚯蚓）。购买生态菜和有机蔬果篮，可以帮助我们找回曾经的味道，享用更安全和美味的食材。

鸡蛋

枇果

梨

苹果

胡萝卜

西蓝花

茄子

辣椒

## 第五周：尽量选择种类丰富的食材来搭配每日三餐

　　在准备每日三餐的过程中，尽量选择种类多样化的食材，人体所摄入的营养才能均衡。农业生物多样性是否能得以延续，取决于未来农业的发展模式，而农业的维系也依赖人类对多样化农产品的需求和农业生物多样性的维持。

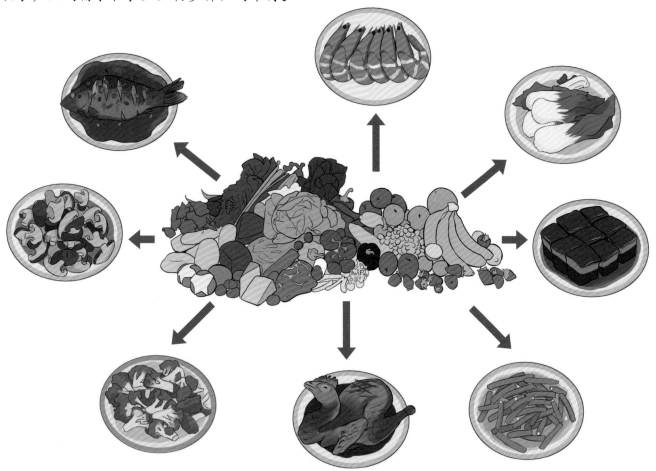

# 第六周：倡导均衡饮食，尽量减少肉类的食用

　　减少肉类的消费和生产，有助于减少温室气体排放和农业生物多样性的丧失，进而减少气候变化的影响和更好地实现可持续发展；大量减少肉类摄取，可降低一个人一生对地球的影响，包括能量摄取、土地使用、温室气体排放、用水量和产生的污染物等，同时也是为了让身体获取更好的营养。

## 第七周：拒绝把有益的农田小动物当美味

农田小动物是维系农业生态系统平衡的重要成员，许多农田动物如蛙类、蛇类、鸟类等能捕食农田害虫、害鼠，捕杀农田小动物会造成物种数量急剧减少甚至灭绝，使农业生态系统遭到破坏。拒绝食用农田小动物，不仅体现了对生命的尊重，也是对农业生物多样性保护的支持。

# 第八周：减少一次性塑料包装袋的使用，促进资源的回收再利用

塑料降解后会污染土壤，影响土壤生物多样性和土壤健康，用于肥料等的微塑料会通过食物链转移到人体，从而影响人类健康。我们首先应当从源头上阻止塑料流入土壤，减少使用塑料，尽量选择环保、可降解的替代材料（如以竹代塑）；其次在使用塑料时，加强群体监管，确保实现塑料的回收和再利用；最后，加强公众的环保意识，鼓励推动循环经济的发展，共同推进可持续的绿色生态农业。

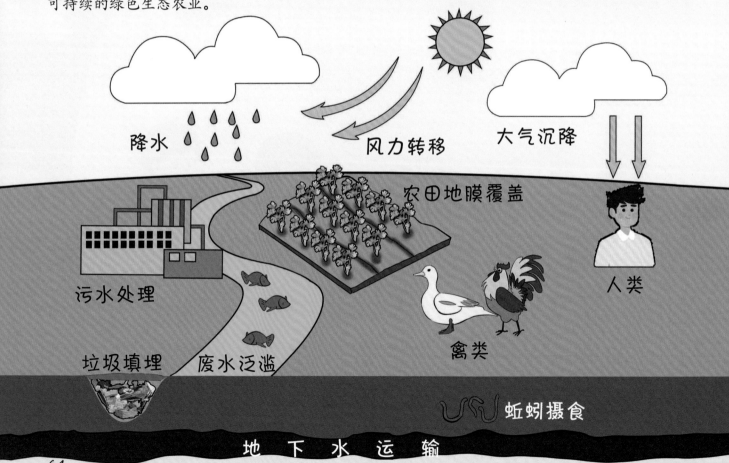

# 第九周：争做绿色家庭，积极参与生活垃圾分类

垃圾分类是一种将垃圾按照不同材质或特性进行分类的行为，生活中 30% ～ 40% 的垃圾都能回收利用。垃圾分类可以有效减少占地、减少垃圾对土壤和空气的污染、减少自然资源的消耗、降低自然和农业环境压力。堆放的垃圾虽然不会被人们拿走，但是很多动物并不知道，废弃塑料或有毒有害物质被动物误食后，可能会造成动物的死亡，而垃圾分类可以最大程度地降低这类风险。

有害垃圾　可回收物　厨余垃圾　其他垃圾

# 第十周：尝试可回收废物的二次利用

　　利用闲暇时间，和孩子一起动手动脑，通过回收和再利用废旧物资，可以减少对自然资源的开采、对生物栖息地的破坏以及对环境的污染，从而保护生物多样性。通过重新构思设计废旧物品，可以激发创新思维，开发出更多可持续的解决方案，这些方案可能会对生物多样性的保护产生长远的影响。

# 第十一周：积极参加植树活动

树木多样性是植物物种多样性的重要组成部分，森林植被、果树等都存在丰富的多样性。树木不仅为我们提供氧气并吸收二氧化碳，提供原材料、果实，还是许多动植物物种的栖息地。然而，由于无节制的砍伐活动，全球树种资源面临着严重的威胁，这对地球的生态平衡和生物多样性产生了负面影响。春天来了，让我们积极行动起来，参加植树活动拯救地球吧。

# 第十二周：改造自家的庭院或阳台

　　城市土地利用和管理的变化，使原本野生动植物的栖息地面临丧失、破碎化，亟须在城市建立鸟类和昆虫的迁徙通道。设计并重建自家的庭院或阳台小生境，增加绿植，在尽量满足物种多样性的基础上，重点选择一些能够为鸟类提供食源和为传粉昆虫提供蜜源的植物，如果庭院设计中有小水塘，也可在边缘适当位置添加石块和枯木枝，便于鸟类和昆虫停歇喝水。

# 第十三周：在庭院或阳台建一个菜园

　　鼓励在自家庭院或阳台建一个菜园或小农场，它可以包罗各类植物，包括被忽视且濒临灭绝的物种和作物。目前可利用的植物品种不断减少，正是农业生物多样性丧失的主要原因之一，自建菜园是丰富生物多样性的有效途径，如果能将这种庭院菜园模式树立典型，可推广促进城市地区发展阳台农业。

# 第十四周：安排一次到附近农区拾垃圾的活动

随意丢弃在田间地头及水沟边的农药瓶、塑料包装袋等垃圾，其残留的有毒物质、微塑料成分等会渗透、迁移到土壤和水环境中，改变土壤微环境，污染水体，影响土壤生物及植物的生长，进而影响我们的身体健康。在周末的时候，安排一次到附近农区拾垃圾的活动吧，作为一种公益性的社会实践，为农业生物多样性和生态环境保护贡献一份力量。

# 第十五周：在农田边给小动物建一个栖息地

　　现代农业对土地利用方式的改变，尤其是耕地向半自然生境的扩张，导致越来越多的农田小动物无家可归。在农田边缘种植树木、树篱或植被花草带，为鸟类、蝙蝠和昆虫等动物提供栖息之地，或在农田边为小动物搭建人工居所，这都是保护农业生物多样性的有效途径。

# 第十六周：开展一次与农民面对面的交流

　　开展与农民的对话，鼓励农民保留和合理利用乡间野草，而不是用化学除草的方式来大规模地清除杂草；鼓励农民通过创建有利于天敌和益虫繁殖的环境，利用自然界的天敌来控制害虫，而不是依赖化学农药；鼓励农民尝试利用本土作物种子和传统农耕技术，促进当地作物多样性和保障粮食安全，提升农民对保护农业生物多样性重要性的认识。

# 第十七周：提倡保护农业景观中的半自然生境

　　农田中或附近的植草带、沟渠、树篱、非农斑块等都是农业景观中重要的半自然生境，欧盟推行农业环境计划（Agri-Environment Schemes, AES），要求保护农田外的半自然生境或预留不少于5%的土地恢复重建绿篱、野花带、草丛带、草地、林地等，其目的在于保护和恢复农业生物栖境，以维持农田生态系统的生物多样性。让我们一起来倡议，加强农田半自然生境的保护，并建议设置相应的指示牌或保护标语。

保护农业半自然栖境
和农业生物多样性

# 第十八周：尝试做一名生态义工

你想利用闲暇时间协助维护农业生物多样性吗？让我们成为生态义工吧，协助从事农业生物多样性相关研究的团队、自然保护协会等进行研究或保育活动，体验农业从业者或自然守护者的工作。你可以参与农区生物多样性调查（调查作物的种类和品种、调查农田中昆虫和其他小动物的种类）、参与农业生物多样性保护宣传、参与多种作物的种植……

# 第十九周：勿过度挖取野菜

　　很多我们熟悉的野菜如蒲公英、荠菜、折耳根、青刺果尖、金雀花、香椿、蕨菜等，数量虽比不上家常菜，但它们留在味蕾上的记忆却很深，还有些珍稀野菜，更是农业生物多样性保护的重要资源。然而，粗暴且过度挖掘导致很多野菜无法再生长，还可能损害农业景观，危害珍稀植物；河堤上的野菜被过度采掘，还会造成水土流失及抗洪安全性下降。

# 第二十周：我保护蜜蜂

世界蜜蜂日（World Bee Day）是每年的5月20日，蜜蜂作为主要的传粉者之一，对于植物的繁殖和农业生物多样性至关重要，它们的传粉服务对农作物、自然生态系统和人类社会至关重要。提高公众对蜜蜂重要性的认识，发起蜜蜂保护倡议，并通过以下行动来确保蜜蜂的生存和繁荣：一是保护和恢复蜜蜂栖息地；二是减少农药使用；三是推动科学研究和加强农业生物多样性保护；四是支持养蜂行业，以确保蜜蜂种群的生存和繁荣。

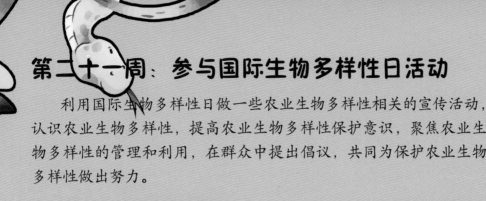

# 第二十一周：参与国际生物多样性日活动

　　利用国际生物多样性日做一些农业生物多样性相关的宣传活动，认识农业生物多样性，提高农业生物多样性保护意识，聚焦农业生物多样性的管理和利用，在群众中提出倡议，共同为保护农业生物多样性做出努力。

## 国际生物多样性日

农业生物多样性保护
志愿服务队

## 第二十二周：自愿为农业生物多样性保护活动捐款

　　倡议启动农业生物多样性保护相关的公益计划或活动，自愿为农业生物多样性保护活动捐款，用于开展生物多样性保护系列宣传活动，以及各项计划的实施。

## 第二十三周：参与世界环境日活动

世界环境日（World Environment Day）为每年的6月5日，让我们共同提倡保护农业生态环境，提高对农业环境问题的关注，禁止滥用化学农药，禁止向农业生态系统投放污染物等，保护农业生态环境，才能更好地保护农业生物多样性。

## 第二十四周：关注并了解农业清洁生产模式

农业绿色高质量发展与生物多样性保护需同向而行。农业清洁生产提倡减少污染源，提高资源利用率，改进农业生产技术，减少或者避免生产、服务和产品使用过程中污染物的产生和排放，以减轻或者消除对人类健康和环境的危害。这种清洁生产模式并不是杜绝农用化学品的使用，而是在使用时考虑这些化学品的生态安全性，实现社会、经济、生态效益的持续统一，促进农业的绿色发展。

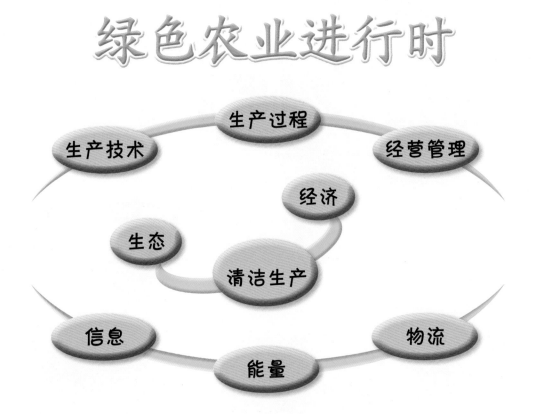

# 第二十五周：认识生态农场的运行模式

生态农场是保护环境、发展农业的新模式。它遵循生态平衡规律，在持续利用的原则下开发利用农业自然资源，进行多层次、立体、循环利用的农业生产，使能量和物质流动在生态系统中形成良性循环。生态型小农场比大规模农场更具生物多样性，了解其运行和管理模式，能够让我们更加明确生态农场对于农业生物多样性保护的重要意义。

## 种养循环型生态农场运行模式

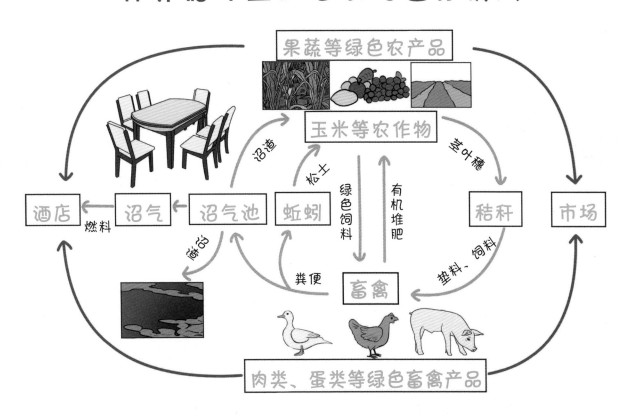

# 第二十六周：提倡农田多样化种植，拒绝单一化

作物多样化是指通过间作、轮作和覆盖作物的方式在农田中同时种植多种作物，或在非作物生境中增加树篱、花带等。作物多样化种植充分利用农田生物多样性，依靠生态原理，如物种间的正相互作用来增加作物产量并减少对化学肥料和农药的依赖。与集约化农业相比，作物多样化可改善田块、农场和景观尺度上农业生态系统的多种生态系统服务，同时减少环境影响。因此，可利用作物多样化而增强生态系统服务，以实现可持续农业。

# 第二十七周：我成为"当地食材"食用者

　　成为"当地食材"食用者就是仅食用当地生产的食物，吃当季的水果和蔬菜，这样就减少了运输过程中所排放的二氧化碳（许多植物因为温室效应引起的气候变化而面临消失的危险），同时也支持了当地种植与养殖本地物种的农人。优先购买并食用本地农产品，消费当地食材有助于保护本土种质资源多样性。

# 第二十八周：鼓励地方政府建设生态果园和生态菜园

　　生态果园和生态菜园是农业生物多样性保护的有效途径，向地方政府发出倡议，鼓励通过政府的引导把现有果园和菜园改建为生态型果园和生态型菜园，从中遴选出一批重点建设的生态田园，并给予适当财政补助资金，用于创建示范点。

未来生态田园

编号：054322

负责人：李 文

# 第二十九周：在餐盘中品尝农业生物多样性

有些未被充分利用的物种，如野山葱、地木耳……也是常常容易被遗忘的野生蔬菜品种，它们容易获得、营养丰富，但未被充分开发利用，如果我们能在餐盘中品尝它的美味，同时介绍给朋友们一同享用，那么一大批极具开发潜力的物种将继续被利用，这也是保护农业生物多样性最有效的途径之一了。

# 第三十周：安排一次农村生活体验活动

　　到了农村，可以参加各种农事活动，亲手体验农耕、养殖等乡村生活；也可以品尝各种地道美食，呼吸乡村的空气，感受大自然的美好；还可以欣赏乡村风景，体验乡村文化。体验农村生活：入住农家乐、吃农家菜、参与农作，近距离接触并认识农业生物多样性。

# 第三十一周：在乡间散步不惊扰小·动物

　　当你在田边散步的时候，千万要注意不要惊动农田中的小动物。若你将它们从居所移出，或者在它们觅食的时候惊动它们，甚至在冬眠的时候吵醒它们，它们可能会尽全身力气逃跑或躲藏，这可能对它们的生命造成威胁！所以，如果你远远地看到这些出来呼吸新鲜空气的农田小动物，请你放低音量，别吵到它们……

# 第三十二周：在度假时，优先选择入住生态旅馆或生态酒店

生态旅馆或生态酒店依托周围优美的环境，运用环保、健康、安全理念，坚持绿色管理、倡导绿色消费、保护生态和合理使用资源，具有本土化建筑形式、节约能源、减少污染、经营规模小等特点，能够促进旅游可持续性发展和当地社区的经济发展。在旅行途中，选择入住生态酒店，也是倡导保护生态环境和生物多样性的方式之一。

欢迎入住
生态旅馆

## 第三十三周：旅行期间，关注不同地域特色的传统农耕文化

　　我国的农业生产活动覆盖地域辽阔、内容丰富、历史悠久。传统农耕文化源远流长，是农业劳动者在长期生产中对农业生产规律的认识和总结。旅行途中，关注不同地域特色的传统农耕文化，探究不同农耕文化中蕴含的农业生态学原理，捕捉不同农耕文化中的生物多样性，加深对农业生物多样性重要性的认识。

# 第三十四周：旅行期间，品尝当地的特色美食

　　旅行期间，去品尝当地的特色美食吧！地道美食，用当地的食材、传统的做法，越多的人去品尝，这种特色美食文化就越能够得以传承，其中的农业生物多样性也会被自然保存。

核桃仁

黑芝麻

糯米

花生粒

枸杞

蜜枣

冬瓜条

细心挑选多种原材料，看得见的营养

贵州壮族特色"五色糯米饭"　　　　　重庆涪陵"油醪糟"

# 第三十五周：关注土壤生物多样性

　　土壤生物多样性是农业生物多样性的重要组成部分，它是地下生物的多样性，既包括基因、物种及其组成的群落，也包括它们所贡献和所属的生态复合体，还包括土壤微生境及景观。土壤群落可以在不同的体积和土壤类型中变化，并形成分级系统：一是微生物和微型动物；二是中型土壤动物；三是大型土壤生物和巨型土壤动物。这种多样的生物群落能促进土壤保持健康和肥沃。

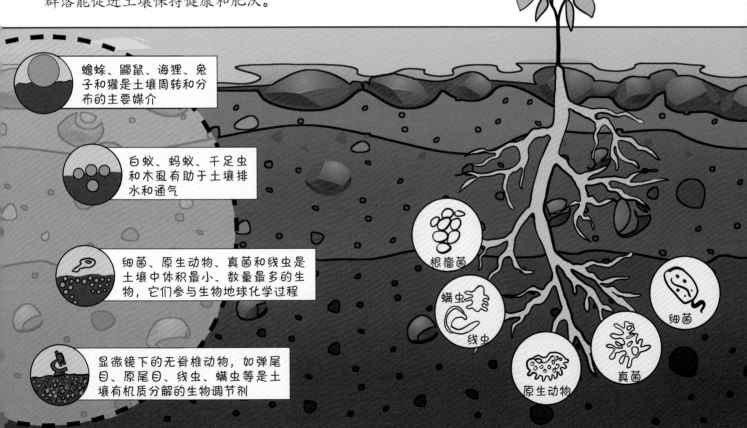

蟾蜍、鼹鼠、海狸、兔子和獾是土壤周转和分布的主要媒介

白蚁、蚂蚁、千足虫和木虱有助于土壤排水和通气

细菌、原生动物、真菌和线虫是土壤中体积最小、数量最多的生物，它们参与生物地球化学过程

显微镜下的无脊椎动物，如弹尾目、原尾目、线虫、螨虫等是土壤有机质分解的生物调节剂

根瘤菌

螨虫

线虫

细菌

原生动物

真菌

# 第三十六周：保护蚯蚓

　　蚯蚓在土壤改良、物质循环、保护生态环境和生物多样性等方面发挥着特殊作用，蚯蚓通过蠕动增加土壤中的氧气含量，其排泄的粪便能够促进土壤形成团粒结构，进而增加土壤保肥和保水能力，蚯蚓的消失对农作物的生长会产生多方面的影响。为了保护蚯蚓，我们应做以下倡议：禁止过度放牧和过度耕作，以减少对土壤的破坏和干扰蚯蚓的生长和繁殖；减少可能导致土壤生态失衡，以及影响蚯蚓和其他生物生存的化肥、农药和其他污染物的使用；增加草地和森林等自然栖息地的保护，为蚯蚓提供良好的生长和繁殖环境；宣传蚯蚓的重要作用，并提高公众对蚯蚓的认识和保护意识；对于捕捉和出售蚯蚓的行为应进行合法管理，禁止非法捕捉和交易野生蚯蚓。

# 第三十七周：保护土壤微生物

　　土壤微生物是指土壤中借助光学显微镜才能看到的微小生物，包括原核微生物如细菌、蓝细菌、放线菌及超显微结构微生物，以及真核生物如真菌、藻类（蓝藻除外）、地衣和原生动物等。数量庞大、种类繁多的土壤微生物是丰富的生物资源库，在土壤形成、肥力演变、植物养分有效化和土壤结构的形成与改良、有毒物质降解及净化等方面起着重要作用，它们的丰富度和多样性有助于维持一个稳定和健康的全球生态系统。关注土壤微生物多样性和土壤健康，保护农业生物多样性。

土壤是有生命的，每克土壤中，生活着几亿至几十亿个微生物，微生物越多，土壤越肥沃

# 第三十八周：了解有机食品的生产过程

有机食品有很多优点，如没有化肥和农药的残留，生产过程对环境污染小、对土壤友善，可追溯来源，品质有保障等。那么，你了解它的生产过程吗？有机食品是一种用自然的生产方式生产出来的食品。在生产过程中，它禁止使用人工合成的物质，包括化肥、农药，还有一些饲料添加剂等；在生产后，按照有机产品国家标准规定采集，并经过有资质的有机认证机构认证的，这才是有机食品。所以，有机食品和农产品的生产最大程度地保护了我们的农业环境和生物多样性。

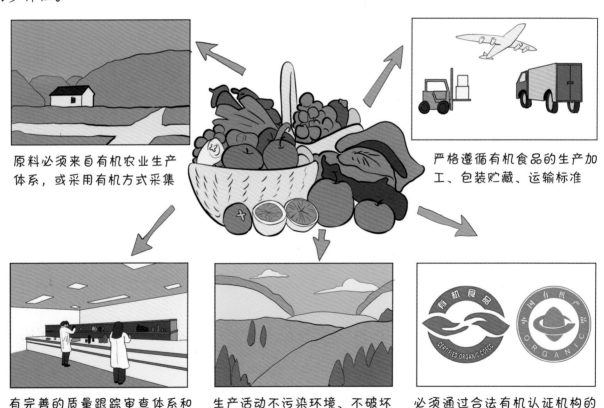

原料必须来自有机农业生产体系，或采用有机方式采集

严格遵循有机食品的生产加工、包装贮藏、运输标准

有完善的质量跟踪审查体系和完整的生产及销售记录档案

生产活动不污染环境、不破坏生态

必须通过合法有机认证机构的认证

# 第三十九周：将农业生物多样性的概念传递到公司食堂

选择合适的机会，与公司或单位食堂的员工开展一次有助于传递农业生物多样性理念的交流。说服你食堂的负责人购买当地农户提供的农产品、有机产品、当季的水果和蔬菜，减少肉类的分量，经常性地将供餐换成谷类、豆类和蛋类等，并且让用餐者有机会体验那些被遗忘的物种（地耳、野茼蒿等），如果做到这些，就需要厨师很大的努力，这对建立农业生物多样性理念和员工的健康均有益。

# 第四十周：采集不同植物的落叶、种子等制成标本

　　在田间和野外采集、制作植物标本，认识不同植物，了解不同植物叶子和种子的形态，是一件很有意义和乐趣的事，享受与大自然亲近的同时，来一次与农业生物多样性的美好邂逅。

# 第四十一周：认清农业外来入侵物种及其危害

外来入侵物种是指那些来自外部的、能够破坏当地生物多样性、打破当地生态平衡、破坏生态环境或者具有其他负面影响的非本地物种。外来入侵物种主要危害有3个方面：一是造成农林产品、产值和品质的下降，增加了成本；二是对生物多样性造成影响，特别是侵占了本地物种的生存空间，造成本地物种死亡和濒危；三是对人畜健康和贸易造成影响。

## 警惕外来入侵物种

凤眼莲

红耳彩龟

美国白蛾

垂序商陆

红火蚁

福寿螺

## 第四十二周：不购买或携带外来入侵植物的种子或花卉

在我国有些花市，外来入侵物种加拿大一枝黄花摇身一变成为花市新宠，换名黄莺，在许多花束配花中，取代了满天星的地位。尽管目前许多省市严禁加拿大一枝黄花的种植和买卖，取缔花市中的变种黄莺，然而仍有大量加拿大一枝黄花流入市场。如果我们收到含有加拿大一枝黄花的花束，观赏之后，一定要谨慎处理。对于未能自然衰败的植株，随意丢弃它们极易让加拿大一枝黄花再次生根、开花、结籽，仅一株加拿大一枝黄花，就能产生 2 万粒种子，危害不容小觑。因此，不要购买，也不要随意携带外来入侵植物的种子和花卉。

加拿大一枝黄花误作为花束的配花　　　　垂序商陆误作为观赏花卉插入花瓶

## 第四十三周：不购买，也不放养外来动物

　　保护农业生物多样性，防控外来入侵物种。不购买异宠，也不放养外来动物；不放生、放流或者丢弃外来水生物种；不购买和养殖外来入侵水生物种作为宠物；在野外发现外来水生物种，或者不愿再饲养外来水生物种，需要进行无害化处理，或移交野生动物救护中心和相关科研院校；还可以主动报告身边发现的外来物种，为外来物种治理提供线索。

# 第四十四周：不关注以异宠为主题的博主

以异宠为主题的博主，在各大社交平台上越来越流行，他们还会提供寄养、互动体验等服务，异宠交易形成了一条还不成熟的产业链。异宠受到关注度越高，市场需求越大，一些国内爱好者和经营者通过邮递渠道自境外购买、寄递活体动植物进境。这种行为不仅缺乏对自然、法律的敬畏，更增加了外来物种入侵的危险。外来物种引进或入侵，可能直接通过捕食、竞争或传播疾病等方式，改变农业生态系统的结构，扰乱原有的生态过程。所以，不鼓励关注各大平台的异宠博主。

异宠 饲养　　搜索

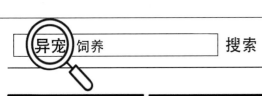

| | | | | |
|---|---|---|---|---|
| 沉浸式养蚂蚁 | 沉浸式养千足虫 | 沉浸式养老虎 | 沉浸式养沙牛 | 沉浸式养石龙子 |

沉浸式养鲨鱼　　夏天被热出水面的龟抢救后身轻气盛　　做一百种鱼第十四天　　抢救野生蝾螈　　沉浸式养花园鳗

## 不关注！不点击！不转发！

# 第四十五周：以负责任的态度买鱼

野生鳕鱼、三文鱼、比目鱼……我们极力呼吁停止食用这些鱼类，过度捕捞、不合适的捕捞期（有时在繁殖期）或不当的捕捞方式（破坏海底或者不小心捞到小鱼），都会对这些鱼种的繁殖和数目造成严重的破坏。请给鱼类的繁殖留出时间，食用没有濒临绝种的鱼类和贝类。

# 第四十六周：积极参与并保护居所附近的动物巢穴或通道

　　当你在居所附近散步的时候，是否发现在小路、绿岛旁有一些小动物的隐蔽巢穴？注意不要破坏它们，给小动物留一个可以安身的居所，当冬季来临的时候，留一些食物在洞穴边上。如果你发现社区的非建筑矮墙与外界隔绝，鼓励物业人员在墙角拿掉一两块砖，这样可以给小动物建立一个通道。

# 第四十七周：保护鸟类的天然巢穴并倡议搭建人工鸟巢

　　鸟类在维护环境生态平衡方面扮演着至关重要的角色，它们是食物链的重要组成部分，它们的存在有助于调节昆虫和害虫的数量。鸟类还有助于传粉、种子散布和营养循环。然而，鸟类面临许多威胁，包括栖息地破坏、污染、气候变化和狩猎。栖息地破坏是鸟类面临的最大威胁之一，因为减少了它们的巢穴和觅食场所。因此，我们强烈呼吁保护鸟类的天然巢穴，并倡议在农业景观中搭建人工鸟巢。

# 第四十八周：为农田小动物搭建越冬场所

　　赶在寒冷的冬季来临之前，利用枯枝枯叶、稻草、竹子、干草等自然材料，为农田小动物和昆虫提供不同类型的房间，搭建本杰士堆，建造昆虫旅馆和动物驿站，让它们可以在这里躲避自然灾害、产卵繁育、夏栖冬眠，既丰富了景观多样性，又保护了农业生物多样性。之后留心观察会发现，随着昆虫旅馆、本杰士堆等设施的搭建，野鸡、野兔等野生动物也可能会频繁光顾。

## 第四十九周：关注食物营养与土壤健康

　　世界土壤日（World Soil Day, WSD）为每年的12月5日，旨在关注健康土壤的重要性，倡导可持续管理土壤资源。一个地方的水土环境时刻影响着人们的健康，尤其是土壤，与多样化食材的种植以及食物营养密切相关。农作物需要汲取来自土壤中的各种营养物质，才能够茁壮成长。而只有健康的土壤，才能够培育出健康、安全的食物，从而保障我们的身体健康。但环顾我们四周，真正健康的土壤并不多，那么我们依赖土壤种植的粮食就非常危险了！请给土壤健康更多一点的关注吧。

食物之源

土壤

世界土壤日
12·5

# 第五十周：尽量减少药品污染

　　抗生素类农药、兽药和药品残留均对农业生态环境有潜在威胁。第十四周的时候，我们倡议过到附近农区开展拾垃圾活动，包括农药包装袋、药品瓶，除此之外，也可以在小区附近组织居民将剩余或过期药品分类标记投放到有害垃圾桶中，强调不要拆掉包装丢入马桶或垃圾桶，避免药品流失和对环境的污染；还可以倡议农民合理使用农药、化肥，优先选择生物农药等污染较小的替代品，科学选择药品种类和使用量，避免过量使用对环境造成不必要的污染。

# 第五十一周：珍惜、节约粮食资源，做节能减排的践行者

"谁知盘中餐，粒粒皆辛苦"，少浪费 0.5 千克粮食（以水稻为例），可节能约 0.18 千克标准煤，相应减排二氧化碳 0.47 千克。如果全国平均每人每年减少粮食浪费 0.5 千克，每年可节能约 25.4 万吨标准煤，减排二氧化碳 66.4 万吨。珍惜、节约粮食资源，做到吃多少盛多少，在外就餐时剩余饭菜打包带走等，做到"餐餐不浪费，顿顿盘中光"。

餐前

餐后

珍惜粮食
拒绝浪费

# 第五十二周：选择和农业生物多样性相关的礼物

　　不知道送什么当礼物？可以送一些让你可以谈论农业生物多样性，以及有维护农业生物多样性好处的产品，这样更多的人就可以参与到与农业生产相关的话题中来。如果赠送对象是喜欢读书的人，可以送他一本关于农业生物多样性的书，送爱好奇思妙想的朋友一个创意蔬菜花束，送爱好自然的朋友一个关于"丰收"的礼盒……从农田里收获的乐趣谈到农业生物多样性利用，从一起探索我国的农耕传统谈到农业生物多样性保护。

第四部分
农业生物多样性主流化

- 20 世纪 80 年代，国际社会开始重视生物多样性保护。

- 1992 年，在巴西里约热内卢召开的联合国环境与发展大会上，153 个国家签署了《生物多样性公约》；同年 11 月，我国第七届全国人民代表大会常务委员第二十八次会议审议批准了此公约，使我国成为该公约最早的 6 个缔约国之一。

- 从 1994 年起，联合国大会宣布 12 月 29 日为国际生物多样性日。

- 1995 年，我国郭辉军研究员提出农业生物多样性概念。

- 1999 年，联合国粮食及农业组织提出农业生物多样性概念。

- 根据联合国大会第 55 届第 20 号决议，从 2001 年起，国际生物多样性日改在每年的 5 月 22 日。

- 里程碑：2001 年 11 月 3 日通过了第一个关于农业生物多样性的条约《国际粮食和农业植物》——全球对世界农业生物多样性的管理达成了共识。

- 2004 年世界粮食日的主题"农业生物多样性促进粮食安全"。

- 2010 年，CBD-COP10 提出爱知生物多样性目标，提出"生物多样性主流化"。

2015 年，粮食和农业遗传资源委员会通过了将生物多样性纳入营养政策、方案和国家及区域行动计划主流的自愿准则。

2016 年，在国际生物多样性中心和国际热带农业中心联盟（Alliance of bioversity-CIAT）的倡议和推动下，第一届国际农业生物多样性大会在印度新德里举行，发布了农业生物多样性《德里宣言》。

2018 年，CBD-COP14<sup>①</sup> 闭幕后，生物多样性主流化成为高亮关键词。

2019 年，联合国粮食及农业组织提出要推动建立生物多样性主流化平台，旨在推动对于农业生物多样性重要性的认识，实现生物多样性保护在农业领域的主流化。

2021 年，第二届国际农业生物多样性大会在意大利罗马举行，发布了《罗马宣言》，提出了应对挑战的可行性解决方案和行动指南。

2025 年，第三届国际农业生物多样性大会拟定于在我国云南昆明举行，将成为落实《昆明生物多样性宣言》和《昆明-蒙特利尔全球生物多样性框架》的具体举措。

---

① 《生物多样性公约》第十四次缔约大会。

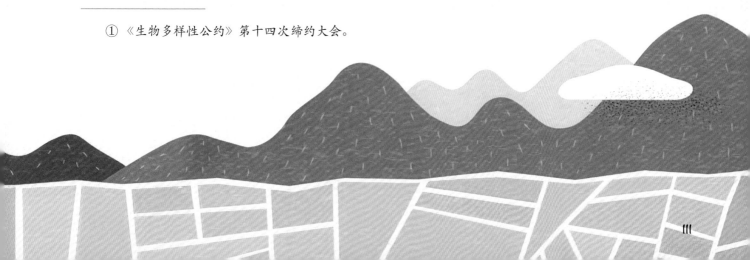